不想哭的葉子
CRYING LEAF

陳芷琳　著 / 繪
Author / Illustrator　Teresa Chan

中 華 教 育

作者、繪者簡介

陳芷琳，活躍於圖文創作，曾於台灣與原住民合作種田，回港後修讀人類學，並參與生態教育、社區倡議工作，透過藝術和漫畫創作回應社會議題，作品曾於香港大學「向也斯致意」展覽、《華盛頓郵報》展出。目前探索運用落葉作為創作媒介，刻畫城市百態，並在香港藝術中心舉行首次個人藝術展。

出版兒童繪本包括：
《爺爺想做的事》(2019)
《大自然色彩》(2020)
《牛角包生氣了？》(2021)

Introduction of Author and Illustrator

Teresa Chan is active in creative writing and illustration. After a long stay farming with indigenous people in rural Taiwan, she returned to Hong Kong to study anthropology and keeps her passion in nature and community development. Her works were featured in "A Tribute to Yasi" Exhibition by HKU (2018) and *The Washington Post* (2021). She has been exploring fallen leaves as a medium to portrait the ever-changing character of city life at her first solo exhibition at the Hong Kong Arts Centre.

Her publications include the picture book:
Grandpa, What's Your Dream? (2019)
The Colours of Nature (2020)
Angry Croissant (2021)

teresatlchan@gmail.com

7ERESA_STORYTELLER

🍃 共讀小貼士

利用此書引導孩子觀察各式各樣的樹葉，
認識香港常見樹木，
擴展他們的感官和生活經驗。

🍃 Storytelling tips

Use this book to encourage children to observe different kinds of leaves, thus introducing the common trees in Hong Kong, and more sensory and life experiences to them.

創作團隊的話

「你們做兒女的，要凡事聽從父母，因為這是主所喜悅的。你們做父親的，不要惹兒女的氣，恐怕他們失了志氣。」（歌羅西書 3:20-21）

本會於 2017 年進行了一項「兒童全人發展」大型親子調查，了解兒童的日常生活模式，並探討其與情緒社交和解難能力之關係。研究結果有兩項重大發現：（一）兒童的創造及解難能力總分偏低；（二）兒童的情緒評分偏低，兒童與家長評分存在差異：「兒童在自評部分反映自己的情緒不被父母了解，但家長卻不覺察此情況，認為自己明白孩子的情緒。」反映兒童的「情緒健康」需要重視及關注。

其後，本會推出 Y Pace 兒童情緒管理計劃，以情緒調節（Emotion Regulation）理論，加入繪本、藝術等元素，讓兒童認識不同的情緒，提升其調節情緒的能力，讓家長不遺忘情緒教育的重要性。於 2021 年，本會出版情緒教育繪本工具書《牛角包生氣了》，以「生氣」的情緒為題，並於各大書店發行。

本書是情緒教育繪本系列第二冊，以「憂傷」的情緒為題。繪本運用情緒教練（Emotion Coaching）理論，協助兒童認識正向管理情緒的方法。希望讓家長明白兒童有不同的情緒，需要多加留意及關心。

繪本與情緒教育

父母與孩子共讀此繪本時：

1) 與孩子討論繪本中的問題，以了解孩子的情況
2) 尊重孩子的想法、感受和分享，不加以批判，讓孩子有機會抒發自己的情緒
3) 讓孩子明白行為有對與錯，但情緒沒有，所有情緒都可以被接納
4) 給予孩子適當表達憂傷的方法及空間

根據美國學者 Dr. John Gottman 的建議，父母可以透過情緒教練（Emotion Coaching）的方法，去調節孩子的情緒。此方法有五部曲：

1) 留意孩子的情緒

2) 將情感表達認定為親密相處和教導的機會
3) 以同理心聆聽，接納及認同孩子的情緒
4) 用孩子可以理解的字眼來形容情緒，並鼓勵孩子用語言表達情緒

5) 鼓勵孩子表達情緒，共同尋找解決問題的方法

情緒調節需要長時間的學習，每一次孩子出現情緒都是學習的好機會。只要父母給予耐性及使用以上的方法，便能讓孩子好好管理情緒。

臨床心理學家的話

「好小事啫，唔好喊！」　　　「你係男仔嚟，唔可以咁易喊！」　　　「爸爸／媽媽唔鍾意小朋友喊。」

各位讀者在童年時有聽過以上的說話嗎？作為父母，又有否曾在孩子哭泣時對他這樣說？這些回應在我們的社會中十分普遍，但有想過這些說話背後的含意嗎？斷定孩子哭泣的原因為小事，其實否定了孩子的情緒，孩子或會覺得父母不明白自己。甚或，要求「男兒有淚不輕彈」亦可能會令孩子誤認為哭泣是軟弱的表現。若只以父母的喜惡作出發點，則有機會讓孩子誤會自己的情緒不被接納。過於頻繁地使用類似的說話來制止孩子哭泣，或會令孩子漸漸傾向壓抑憂傷的情緒，長遠對其情緒調控及精神健康帶來不良的影響。

本書主角米米在傷心難過的時候，他的父親選擇陪伴在旁，給予米米表達的空間，耐心聆聽他的心底話。父母的陪伴能讓孩子感受到自己的聲音值得被聆聽、自己的情緒值得被重視。而孩子以言語組織及敘述事發經過的過程，也是情緒調控的一部分。孩子透過整理自己的思緒和表達感受，情緒便能逐漸平復。

家長可參照繪本在前頁所提及的「情緒教練」(Emotion Coaching) 五部曲，協助孩子調節情緒。若孩子情緒較激動時，家長可嘗試先以溫和的語氣和身體接觸協助孩子平復情緒。如先把孩子擁在懷裏，緩緩地輕拍其背部，待孩子平靜下來，再引導他表達感受。然而，認同及接納孩子的情緒，並不等於盲目滿足任何無理的要求或容許不恰當的行為。父母仍需為孩子的行為設限和糾正不當行為，只是可嘗試先以「情緒教練」的方式調節孩子的情緒。當孩子感受到父母理解和接納自己的情緒，或會較願意聽從父母的教導。美國華盛頓大學的心理學教授 John Gottman 團隊研究顯示，「情緒教練」的方式有助孩子保持穩定情緒，並減少行為問題。

對家長來說，調節孩子的情緒著實是對耐性和情緒管理的考驗。因此，家長亦需注意自己的情緒起伏，適時平復自己的情緒，才有空間協助孩子。但是，世上沒有完美的父母，毋須因為自己無法時刻以最理想的方式回應孩子的情緒而責怪自己，只需儘量有意識地多加運用「情緒教練」五部曲，便可發揮其功效。希望本書能讓你在孩子傷心難過時，有不一樣的選擇。

謝愷盈
香港基督教女青年會臨床心理學家

序言一

本書是本會繼去年出版的《牛角包生氣了？》後，情緒教育系列的第二本繪本，它不僅以生動形式帶出孩童經歷「憂傷」的情緒起伏，更充份表達孩童「憂傷」時的無助感，是一本家長能夠與兒童共讀的情緒工具書。

「憂傷」是其中一種不易顯露的情緒，容易被人忽略。過去數載，香港社會經歷前所未見的困難，傷感的故事或片段每天在社區不斷發生，分離和道別的畫面比比皆是，憂傷的情緒更伴隨而來。孩童在這環境下成長，難免出現不易察覺的憂傷情緒，亦不懂如何表達及處理。根據本會早前有關兒童情緒的研究，發現很多家長對孩童情緒變化的認知不足，往往未能及時關注及協助疏導，有時甚至抱有錯誤的想法，以為孩童負面情緒會隨時間而逝。

香港基督教女青年會一直關注兒童成長的發展需要，早前就兒童情緒教育進行相關實證研究，以「情緒調節」(Emotional Regulation) 為理論基礎，設計一系列的情緒教育活動，旨在提升兒童的情緒健康，更鼓勵家長與孩子同心同行，透過親子共讀繪本，讓他們更能掌握應對負面情緒的技巧。本繪本《不想哭的葉子》繼續以簡單易明的故事及討論問題，配以精美插圖和中英雙語，引導兒童用正面方法處理憂傷的情緒，並享受閱讀繪本的樂趣。

林遠濠

香港基督教女青年會 服務總監 (青年及社區服務)

序言二

當看到別人哭的時候，不少人會說一些慣用的安慰語，例如「唔好喊啦」、「好小事啫」、「駛乜唔開心」等。不過，這些說話很容易令聽者感到不被諒解，甚至認為自己不應該哭。故事中的米米便有這樣的想法。因此當他傷心的時候，他告訴自己要忍住淚水，不要哭出來。

但其實憂傷不是錯誤的情緒，流眼淚也不是軟弱的表現。《不想哭的葉子》這本美麗的繪本，讓我們明白到哭是正常情感的表達。天父創造的我們，會笑、會怕、會怒、也會哭。

透過米米和爸爸隔着樹葉且窩心的互動，我們亦可以看到同理心的重要性。研究告訴我們，如果父母常常不容許或阻止孩子表達負面情緒，孩子的社交和自控能力或會受影響（Eisenberg et. al., 1999）。因此，在孩子傷心的時候，父母可以多發揮同理心，並像爸爸一樣鼓勵米米「放心哭出來」。

最後，我特別喜歡於故事後，有關香港樹葉的圖畫和介紹。我們的生活常常被忙碌填滿，但若然我們放慢腳步，便會留意到在我們的城市裏，其實充滿着很多美麗的景物。

戴公主
教育心理學家、兒童繪本作家

Reference:
Eisenberg, N., Fabes, R. A., Shepard, S.A., Guthrie, I.K., Murphy, B.C.,& Reiser, M. (1999), "Parental reactions to children's negative emotions: Longitudinal relations to quality of children's social functioning," *Child Development*, Vol.70, pp.513-534.

米米：個性獨立堅強的小松鼠，平日喜歡做美術勞作，
　　　希望成為像爸爸那樣厲害的管家。

Maple: A little squirrel with an independent and
strong character who likes art and crafts.
He hopes to become a good innkeeper like Dad.

爸爸：米米的父親，時刻保持紳士態度，舉止端莊，對客人殷勤有禮，心思細膩，但不輕易流露自己的情感。

Dad: Maple's father who always maintains a gentleman's attitude and behaves solemnly. He is polite and attentive to guests but doesn't show his emotions.

米米與爸爸經營着一家樹屋旅館，
他們把每個角落打理得一絲不苟。

大家都讚米米像爸爸一樣很能幹。

Maple and Dad ran a treehouse
inn and they took great care of
every corner.

Everyone praised Maple for
being as capable as Dad.

樹屋
Tree
House

這天，米米正努力地佈置旅館，

On this day, Maple was working hard to decorate the inn,

從大廳到每一個房間，都精緻無瑕。

from the lobby to every room, exquisitely and flawlessly.

突然一陣**大風**，把裝飾都**吹散**了。

A sudden gust of **wind broke** all the decorations.

米米焦急地四處修補，

Maple was anxious and eager to repair immediately,

經過的客人都顯得不耐煩。

but the guests passing by felt annoyed.

爸爸經過看到這個情況，便皺起眉頭道：
「還有很多事要忙！

不要花時間去弄那些破爛的裝飾，丟掉它吧。」

When Dad saw this, he frowned and said,

"There's still a lot of work to do!
Don't waste time mending those
broken decorations,
just throw them away."

米米聽後很傷心，覺得爸爸沒有體會他的心情，強忍着眼淚，默默把房間收拾好。「我很能幹，我不會哭。」

Maple was very sad because he felt Dad didn't understand him.
He just held back his tears and tidied up the room without a word.

"I am strong. So I won't cry."

米米繼續招待客人，但卻再也擠不出笑容，一直回想剛才的情景。
本來期待爸爸和客人們看到精美佈置的驚喜模樣，再也不能實現……

Maple kept serving the guests, but he couldn't smile and help thinking of what happened to him.

He had just failed to bring surprises to Dad and the guests.

他感到很累，走出旅館坐着休息。

He was feeling tired so he walked out of the inn, sat down and rested.

討論問題：

1. 你認為米米為甚麼感到傷心？

2. 當你感到傷心的時候，你會做甚麼？
   你的身體會出現甚麼反應？

 Questions:

1. Why would Maple feel sad?

2. When you feel sad, what would you usually do?
   How would your body physically react?

家長小貼士：

在孩童的世界裏，一些成人看似微不足道的事情，對孩子來說卻是天大重要。
家長不要忽略細小事物，孩子渴望得到父母的肯定，可能簡單無心的一句說話，
卻令孩子誤解父母沒有體會他們的心情。

Tips for parents:

Something that seems insignificant to adults could mean a lot to children.
Parents should not ignore these minor things as children are always eager to get
affirmation from their parents. Unintentional words from parents could make
children feel they are not being understood.

風吹着，樹上葉子紛紛掉落。
米米坐着不動，任由葉子覆蓋他的身體。

The wind was blowing and the leaves were falling.
Maple sat still, letting the leaves cover his body.

風一直吹，樹葉把米米的頭頂也淹沒了，

The wind kept blowing and the leaves covered Maple's head,

但他依然不想動。

but he still didn't want to move.

米米躲在葉堆裏，突然有一片葉子伸進來，
葉上寫有文字。

Maple was hiding in the leaf pile.
Suddenly a leaf came in and there were words on it.

你好，我不見了一頂帽子，
請問你有看到嗎？

Hello, may I ask,
have you seen my hat?

米米沒有看到任何帽子，於是拿起一片葉子寫上：
「不好意思，沒有看到。」

然後把葉子伸出去。

Maple didn't see any hat, so he picked a leaf, and wrote,
"Sorry, I didn't see it."

Then stuck it out.

隔了一會，米米又收到樹葉字條。

After a while, Maple received the leaf note again.

我最心愛的帽子不見了，

感到很傷心 ……

I'm so sad that my favourite hat is gone...

米米想了想，便拿起一片葉子寫上：
「我也很傷心。」

然後把葉子伸出去。

Maple thought for a while, picked a leaf, and wrote,
"I'm sad too."

Then stuck it out.

這次很快收到樹葉回信。

This time, the leaf note came in quickly.

可以跟我說你傷心的原因嗎？

Would you like to share why you feel sad?

討論問題：

1. 你曾經有過感到傷心無助的時候嗎？

2. 你會像米米一樣，將自己傷心難過的
   事情說給別人聽嗎？

 Questions:

1. Have you ever felt sad and helpless?

2. Would you share your sadness with others like Maple did?

家長小貼士：

當孩子感到傷心難過的時候，家長可以教導孩子將事件表達出來，嘗試
代入孩子的角色，以同理心明白當刻的感受。除了鼓勵孩子將傷心
的事情說出來，透過文字及圖畫也可以讓孩子抒發情感。

Tips for parents:

Parents should guide children to express their sadness in words and try to understand
their feelings with empathy. Apart from facilitating them to voice out how they feel,
writing or drawing can also be a good way to express their emotions.

米米想起剛才爸爸和客人們不滿的表情，不禁流下淚來，伸出一片濕濕的葉子。

「我很努力佈置旅館讓大家開心，但最後失敗了。」

Maple shed tears as he recalled the dissatisfied faces of Dad and the guests. Then he stuck out a wet leaf.

"I tried very hard to set up the inn to make everyone happy, but I failed in the end."

我感受到你現在很傷心，
放心哭出來吧！
I can feel your sadness.
Feel free to cry!

米米強忍淚水……

Maple was holding back his tears...

"I am strong. So I won't cry."

想哭便哭，
這是正常情感表達。

Crying is a normal response to sadness.
Just cry if you need to.

米米低頭流着淚，心情漸漸地平復。

Maple bowed his head with tears,
and calmed down eventually.

「謝謝你，
但我仍然擔心爸爸不喜歡我。」

"Thank you,
but I'm still worried Dad doesn't like me."

討論問題：

1. 當你感到難過時，你會用甚麼方法表達？
2. 你會選擇哭出來，還是強忍淚水？為甚麼？

 Questions:

1. How would you express yourself when you are sad?
2. Would you cry or hold back tears? Why?

家長小貼士：

孩子怎樣表達傷心的情感，受着家長灌輸的價值觀影響。當孩子持續
哭鬧時，家長總希望能盡快消除孩子的負面情緒。其實，教導孩子
用適當的方式處理負面情緒，讓他們心情復原才能重拾快樂。

Tips for parents:

The way children express sadness is greatly influenced by upbringing and the
values instilled by parents. Parents always try to stop children from crying as soon as
possible. However, the key to getting children back to being happy is
to guide them through their negative emotions.

一片葉子快速伸進來。

A leaf note came in quickly.

別怕，走出來看看。

Don't be afraid,
come out and have a look.

這時米米抬起頭，發現葉堆有一個洞口。

So Maple looked up and found a hole in the leaf pile.

從洞口看出去，

Through the hole,

原來爸爸一直在葉堆外面！

he saw Dad standing outside!

爸爸把帽子除下，伸出雙臂，把米米擁入懷中。

Dad took off his hat, opened his arms, and embraced Maple.

「我們一起收集材料回去佈置吧！」

"Let's get materials for
decorating our inn together!"

米米與爸爸在樹林裏收集了色彩繽紛的樹葉，
回去把旅館重新佈置。

Maple and Dad gathered colourful leaves in the
woods and then went back to decorate their inn.

樹葉尋寶 - 香港常見樹木
試試到附近地方和公園尋找書中出現過的葉子吧！

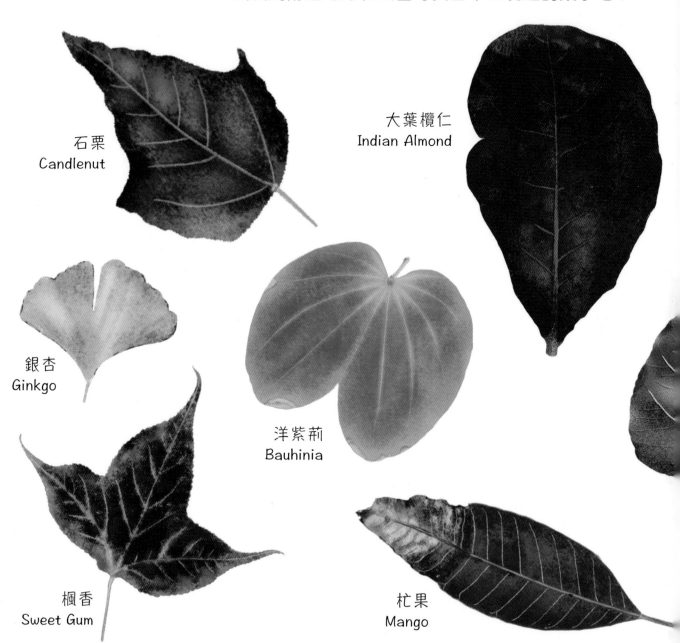

石栗
Candlenut

大葉欖仁
Indian Almond

銀杏
Ginkgo

洋紫荊
Bauhinia

楓香
Sweet Gum

杧果
Mango

Leaf hunt from common trees in Hong Kong

Investigate your neighbourhood and local parks
to find the leaves featured in the book!

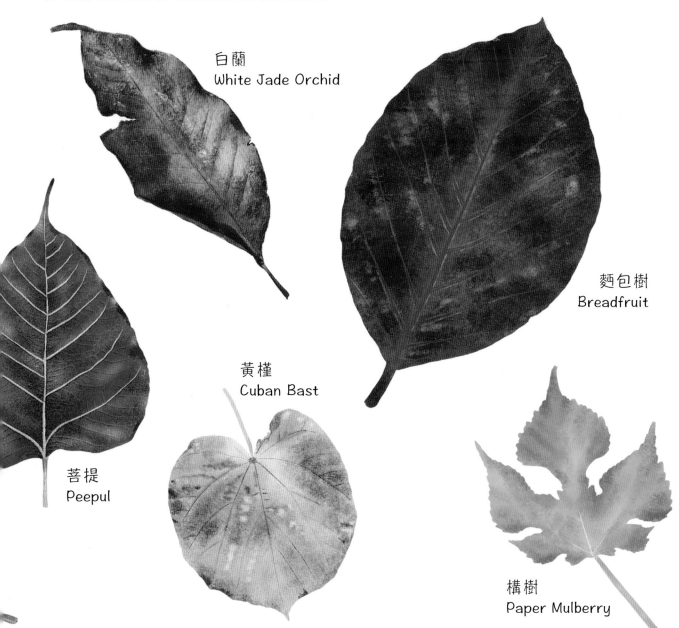

白蘭
White Jade Orchid

麵包樹
Breadfruit

菩提
Peepul

黃槿
Cuban Bast

構樹
Paper Mulberry

關於女青

香港基督教女青年會創立於 1920 年，由一羣熱心的基督徒婦女推動成立，秉承世界基督教女青年會的理念，恪守羅拔女士及金耐德夫人聚集婦女祈禱及創立宿舍接待遠離家鄉之女子的精神，「本基督之精神，促進婦女之德智體羣四育之發展，俾有高尚健全之人格，團契之精神，服務社會，造福人羣」。

創會之初，女青竭力為本港婦女爭取權益，如掃除婦女文盲、推動一夫一妻制及同工同酬等；發展至今，我們繼續本着基督的關愛精神，以「生命的栽培」為宗旨，提供與時並進的「婦女為本」服務。

女青為一間多元化社會服務機構，共 100 個工作單位遍佈全港，為不同社羣及有需要人士提供服務，包括幼兒、兒童、青少年、婦女、成人、長者及家庭，每年受惠人次超過三百萬。

香港基督教女青年會隸屬世界基督教女青年會。世界基督教女青年會成立於 1894 年，會址設於日內瓦，乃全球最大的婦女組織。

地址 ｜ 香港中環麥當勞道一號
電話 ｜ (852) 3476 1300
傳真 ｜ (852) 2524 4237
電郵 ｜ ywca@ywca.org.hk
網址 ｜ http://www.ywca.org.hk

我很能幹
我不會哭

責任編輯　夏柏維
裝幀設計　陳芷琳
排　　版　龐雅美
印　　務　劉漢舉

不想哭的葉子
CRYING LEAF

陳芷琳　著 / 繪
Author / Illustrator　Teresa Chan

策劃 ｜ 香港基督教女青年會

編輯主委 ｜ 郭義聰

編輯成員 ｜ 洪藝、藍朗、顧嘉慧、曾藹欣、何嘉慧、
鍾嘉華、何少英、劉家進、黃皓雋

出版 ｜ 中華教育

香港北角英皇道 499 號北角工業大廈 1 樓 B 室
電話：（852）2137 2338　傳眞：（852）2713 8202
電子郵件：info@chunghwabook.com.hk
網址：http://www.chunghwabook.com.hk

發行 ｜ 香港聯合書刊物流有限公司

香港新界荃灣德士古道 220-248 號荃灣工業中心 16 樓
電話：（852）2150 2100　傳眞：（852）2407 3062
電子郵件：info@suplogistics.com.hk

印刷 ｜ 美雅印刷製本有限公司

香港觀塘榮業街 6 號海濱工業大廈 4 字樓 A 室

版次 ｜ 2022 年 6 月第 1 版第 1 次印刷
©2022 中華教育

規格 ｜ 16 開（210mm x 210mm）
ISBN | 978-988-8807-41-3